Koschka

Sieben Kapitel aus dem Leben einer Katze

erzählt von

Gert Haucke

illustriert von

Katharina Lausche

Verlag an der
ESTE

I.

Alles war gut gewesen, so, wie es war. Ihr Leben glitt dahin, wie das Leben aller Katzen: Dramatisch, aber in großer Harmonie.
Zeiten großer Ruhe, die von innen kommt, wechseln mit Zeiten der Unruhe, Zeiten der Körperpflege, Zeiten der Zärtlichkeit, Zeiten für kurzes, intensives Training zur Erhaltung der akrobatischen Fähigkeiten, die für Katzen zum ganz gewöhnlichen Bewegungsablauf gehören. Für alles gab es seine Zeit.
Für das Miteinander mit Menschen auch. Im großen Haus gab es nur zwei, auf die es ankam. Sie bestimmten das Geschehen. Die anderen übten Tätigkeiten aus. Auf Geheiß. Undenkbar für Katzen. Für die Bestimmenden natürlich auch. Menschen eben. Nutzbare Menschen. Spielgefährten, wenn man so wollte.
Man wollte täglich ein paar Mal: Nicht so lange, aber mit Eifer und Präzision!

Die beiden Wichtigmenschen verstanden verhältnismäßig viel: Vor allem das mit der richtigen Zeit für die Dinge. Menschen fehlt die innere Uhr für das jetzt gerade Notwendige.
Sie waren angewiesen auf Koschka, die Katze. Und sie waren lernfähig gewesen und geblieben.
Es gab keine Störungen während der Zeit des Dahingleitens, solange es dauert.
Die Menschen betrachteten aufmerksam, wie Koschka zu ihnen sprach, wenn es etwas mitzuteilen gab. Und sie verstanden nach und nach mehr. Verwechselten das Bedürfnis nach Essen nicht mehr mit dem doch deutlich angezeigten Wunsch nach zärtlichem Umgang.
Die Warnung, Abstand zu halten, weil es gerade glimmte in Koschka, wurde nicht mehr, wie anfangs, als Aufforderung zum Jägerspiel mißverstanden.
Koschka war ein geduldiger Lehrmeister, auch dann, wenn Schrammen notwendig wurden.
Die beiden Hauptmenschen verstanden.
Das Wechselspiel ihrer Lebendigkeit war Koschka schnell vertraut gewesen. Viel schneller war der Lernprozeß bei ihr abgelaufen, viel zuverlässiger ihre Reaktionen auf menschliches Verhalten.
Es ist überdeutlich, was Menschen ausdrücken, wenn auch sehr häufig ohne Sinn.
Katzen wollen nicht missionieren. Sie lassen jedem sein eigenes Abrollen in Licht und Dunkelheit. Behelligen nicht und machen deutlich, wann sie behelligt zu werden wünschen.

So war es ein guter Dreierpakt geworden im Laufe der Zeit. Man verstand einander und zeigte Respekt.
Und manchmal wurde man von Liebe zueinander überwältigt.

Gut war es, so wie es war.

II.

Da waren zwei Tiere, nicht weit vom Haus.
Das eine so groß wie die größten Hunde, die manchmal durch den Zaun blickten.
Diese Zauntiere waren sehr unterschiedlich groß, aber sie hatten alle den gleichen Geruch. Nicht völlig gleich, aber Familiengeruch, wie ihn Katzen auch haben.
Das andere war eine tote Katze. Sie *war* tot. Aber nicht gestorben. Sie war aus dem Stoff, aus dem das Haus gebaut war: Stein. Die beiden Tiere waren versteinert. Also langweilig.

Hinter den Steintieren tauchten sie zum ersten Mal auf und drohten von weitem.
Dann kamen sie näher ans Haus: Ein großer blauer Kater, der sich nicht wie ein Kater verhielt: Eben nicht lästig, sondern bedrohlich. Und eine getigerte Katze, die stark und wild aussah.
Beide sahen nicht aus, als ob sie Menschen hätten.

Koschkas Menschen versuchten ein paar Mal, die beiden zu vertreiben. Sie taten es beiläufig, hatten nicht verstanden. Wieder einmal.
Und die Eindringlinge kamen jeden Tag näher.
Koschka wußte, daß sie keine Chance hatte. Gegen keinen von beiden. Schon gar nicht gegen beide.
Mit denen würde es kein Gespräch geben, wie mit den Katzen der Nachbarschaft. Die hier hatten keine Menschen; auf friedliche Einigung über Freiheit und Eigentum war nicht zu hoffen. Sie kamen aus einer Welt, von der Koschka nichts wußte. Sie waren Gefahr.

Koschka blieb so lange wie möglich im Haus.
Wann immer sie ausging, war die Bedrohung zu sehen, zu spüren, zu riechen.
Das Haus schützte nur nachts: Es war Sommer, und alle Türen standen am Tage weit offen.
Sie fingen an, Koschkas Essen zu nehmen.
Die Menschen waren ratlos wie so oft. Sie konnten sich nicht erklären, daß Koschka immer magerer und reizbarer wurde, obwohl sie immerzu Essen in den immer leeren Teller nachfüllten.

Der freundliche Mensch kam: Wie immer, streng riechend und ohne Respekt. Koschka mochte ihn dennoch. Er war furchtlos und friedlich und wußte viel von Katzen. Er sprach mit Koschkas Menschen, sie schienen erleichtert, er ging.
Unter seinen sanften, überredenden Händen und Lauten hatte Koschka zum ersten Mal seit langem geschnurrt. Und zum letzten Mal für eine noch längere Zeit.
Es war unausweichlich, gab nur den einen Ausweg. Und der war ausweglos. Koschka wußte das, aber es spielte keine Rolle mehr: Hilfe bedeutete Verstehen, und die Menschen verstanden nicht.

An einem unruhigen Abend, der einem unruhigen Tag gefolgt war, stellte sie sich. Zuerst dem großen Blauen, der hinter den Eibenbüschen unbeweglich auf sie gewartet hatte.
Koschka griff ihn in rasendem Lauf an – ohne Zögern und mit jener Entschlossenheit, der keine Bedenken mehr zur Verfügung stehen. Es ging gut. Der Große war überrascht und sprang über den Zaun. Koschka folgte ihm. Die Sache sollte ausgestanden sein. Ein für allemal.

Draußen fielen sie dann zu zweit über Koschka her. Zwei unbehauste, schlecht ernährte magere Nirgendwokatzen über eine stabile, gesunde Menschenkatze, die um ihr Hausrecht kämpfte, und keine Tricks kannte, keine Erfahrung hatte im Kampf mit Artgenossen.

Sie blutete aus vielen Wunden, als sie die Straße in Panik hinunterraste. Ihr ausgeruhter, geschmeidiger, wohlgepflegter Körper ließ sie überleben: Den Verfolgern fehlten gute Ernährung und Tiefschlaf; Kondition eben. Ihr Kräfte, allzu häufig gefordert, hielten nicht.

Koschka lebte – und war allein.

III.

Sie lief die ganze Nacht mit dem leichten
schwingenden Gang aller Raubjäger. Sie war
voller Furcht und gierig zugleich auf das Unbekannte,
in das sie hineinlief.

Die Straßen wurden grüner, die Häuser kleiner. Sie standen nicht mehr Schulter an Schulter.
Das Fell der Katze knisterte vor Erregung über die neue Welt: Wenig wiederholte sich, alles war immer wieder anders.
Die Straßen zum Beispiel hörten im Morgengrauen ganz auf.
Koschka spürte wieder Erde zwischen den Pfotenballen, die sie an die Erde rund um das Haus ihrer Menschen erinnerte. Sie klagte leise.

Ein einzelnes Haus, nicht groß, allerlei noch kleinere drum herum. Bäume, Gras. Geräusche von vielen Tieren, wenigen Menschen. Große Vögel in Scharen, die Koschka noch nie gesehen hatte.
Sie hatte jetzt Hunger und rannte mit ein paar langen Sätzen mitten in die Hühner. Sie wußte: Vögel fliegen auf, sind nicht leicht zu fangen. Die hier flogen nur kurz, und dicht über der Erde. Sie schrien häßlich und schlugen Koschka die Flügel um den Kopf.

Verwirrt legte Koschka die Ohren an, als der Hahn sie plötzlich attackierte. Besinnungslos vor Wut, mit Schnabel und Krallen. Koschka fegte ihm blitzschnell die scharfgemachten Pfoten in das rote Geklunker, das diesem tobsüchtigen Vogel am Hals hing, fauchte und floh vor der erdrückenden Überzahl. Sie wußte nicht, was ein Hahn war, was ein Huhn und daß mit gemeinschaftlichen Angriffen der Hühner nicht zu rechnen war.

Bei Katzen gibt es Hierarchien. Aber Menschen erkennen sie nur, wenn sie sehr geduldige Beobachter sind. Und einen Pascha, wie diesen Gockel, gibt es im Leben unserer Mitkatzen niemals.

Mit bebenden Flanken war Koschka zwischen den zerbrochenen Latten einer Holztür verschwunden. Dahinter war es schummrig und roch gut. So ähnlich hatte es gerochen, wenn die Wiese hinter ihrem Haus sich unter diesem ratternden Rollding still gelegt hatte. Jeder einzelne Halm lag ordentlich neben allen anderen und duftete mit ihnen. Koschka hatte diese Zeit immer sehr gemocht. Auch der Mäuse wegen, die unter der Mahd emsig hin- und herliefen und nicht wußten, daß Koschka sie mit den Ohren sah. So deutlich, als liefen sie *über* dem Heu. So hatte sie ihre erste Maus gegriffen und mit Wollust verzehrt. Mit Haut und Haaren spürend, daß dies der Katzen eigenste und urtümlichste Nahrung ist, durch nichts zu ersetzen.
Koschkas Zunge erschien blaßrosa zwischen ihrem Dreiecksmund. Überall raschelte es hier leise zwischen den Stroh- und Heuresten vom vergangenen Jahr.

Zweimal in kurzen Abständen schnellte die Katze in ihrem Greifsprung, der so alt wie die Welt ist, nach vorn, und beide Male gab es Beute.
Als sie satt war, kam die ganz große Müdigkeit über sie. Sie erlaubte sich zu schlafen. Nicht den Tiefschlaf, der alle Kräfte zurückbringt: Sie schlief den Schlaf aller, die jagen müssen, um zu leben, und die Feinde haben, die auch so leben müssen.

Sie schlief, während ein Teil ihrer Aufmerksamkeit wach blieb. Schlief, wie der große Gasofen im Badezimmer: Bei einem einzigen winzigen Flämmchen wach genug bleibend, um donnernd zu einem Flammenmeer zu erwachen, wenn es gewünscht wird.

Und wie unter einem elektrischen Schlag erwachte sie, war schon mit voll verfügbaren Muskeln vor das Loch in der Brettertür geschnellt, durch das sie gekommen war, und schaute mit aufgerissenen Augen hinaus.
Im Fensterkreuz des gegenüberliegenden Stalles stand hochaufgerichtet der Blaue. Seine Pupillen waren im Licht der Nachmittagssonne klein wie Stecknadelköpfe.
Die riesigen gelben Augen waren auf irgendetwas gerichtet, von dem er wußte, daß es da war.

DOVER
6
LIMITED
Nº 6

IV.

Die Frau stand in der Tür und sah Koschka an. Ihre Augen waren sehr hell, fast weiß, und ohne Wimpern. Die wackelige Tür fiel quietschend hinter ihr zu. Koschka zog die Lefzen etwas zurück und fauchte ganz leise. Sie lag auf einem uralten kleinen Herd, der seine verlöschende letzte Wärme mit ihr teilte. Durch das zerbrochene Fenster – sie war in Panik über ein halb niedergesunkenes Spalier in dieses baufällige Häuschen gekommen – fiel das letzte Licht dieses verkommenen Tages, der mit Angst und Unerklärlichem jetzt zu Ende ging.

Die Frau fing mit einer leisen, klirrenden Stimme an zu reden. Es klang weder angsterregend, noch beruhigend. Es klang, wie manchmal die Stimmen, die aus den verschiedenen Kästen kamen, die in Koschkas Haus standen. Dort hatten sie allesamt keine Bedeutung. Hier war das anders. Die Katze war am Ende ihrer Kräfte und auf der Hut.

»Katze«, sagte die Frau und blickte mit ihren weißen Augen über Koschka weg, irgendwohin, »Katze, ich hab nichts gegen dich. Katzen sind...«, sie machte eine Pause, »besser. Aber gut – gut ist gar nichts. Ich ...«, die alte Frau lächelte, aber so, wie Koschka es noch auf keinem Menschengesicht gesehen hatte, »ich bin auch nicht gut. Wozu auch. Hab's nie versucht. Bin nicht dazu gekommen. Immer zu tun. Will am Leben bleiben. Dir geht's so ähnlich, was? Egal. Es ist egal. Ganz egal.«

Das unentwirrbare, gleichmäßige Klirren brach ab.

Überflüssig, aber notwendig zu bemerken, einmal soll es gesagt sein: Katzen, Tiere überhaupt, verstehen Menschen nicht. Jedenfalls nicht, wenn sie sprechen. Aber was hinter den Lauten steht, verstehen die mit den Menschen leben sehr genau. Angst und Wut, Trauer und alle Regungen der Seele nehmen sie auf, da gibt es kein Mißverstehen, und der menschliche Hochmut bleibt auf der Strecke. Vor den Hunden und Katzen stehen die Menschen nackt da und können die Blöße ihrer Empfindungen nicht mit den Händen bedecken.

NANDO

EX
1989
PRODUCE OF INDIA
1989
GARDEN FRESH TEA
PODDAR
CHOICEST
DARJEELING
PRODUCE of INDIA
1982
RISHEEHAT

Hinter dem gleichmäßigen Klirren dieser Stimme spürte die Katze also auf- und abwallende Schwingungen, die zu keiner ihrer Erfahrungen passen wollten. Und sie war auf der Hut.

»Ich könnte mir vorstellen, daß du bleibst. Für jetzt oder länger. Wie lange es eben dauert.« Die Stimme wurde immer leiser.
»Aber *er* wird das nicht wollen. Ich *weiß*, er wird es nicht wollen!«
Sie stieß die Tür hinter sich auf und schrie plötzlich vor Lachen. Vor der Tür stand, unbeweglich bis auf die zitternde, äußerste Spitze seines hochaufgerichteten Schwanzes, der Blaue.
Mit einem bösen Aufschrei war Koschka dem gewaltigen Satz des Katers sehr knapp zuvorgekommen. Das Spalier war jetzt endgültig unter ihrer atemlosen Flucht zusammengebrochen, und sie lief in langen Sprüngen fort von allem, was ihre hochempfindlichen Sinne in schmerzhaftem Stakkato meldeten:
Alles fremd, alles Gefahr.

Auf einem Platz, angefüllt mit allem, was Menschen nicht mehr um sich haben wollen, nachdem sie zuvor nichts unversucht gelassen hatten, diese Überflüssigkeiten an sich zu bringen – auf diesem Platz sah die Katze ernst in die aufgehende Sonne. Wieder hatte es keine Gelegenheit gegeben, wirklich zu schlafen, und wieder war nur ein Teil von ihr erneuert.

Von nun an war sie verlassen von jeglicher Regelmäßigkeit, auf der sie immer beharrt hatte, die sie geliebt hatte. Nichts hatte mehr seine Zeit: Essen nicht, schlafen nicht, träumen nicht. Und Zärtlichkeit gab es nicht und niemals jene Ruhe, in der Katzen hinabtauchen in ihre unendliche Geschichte, niederfallen in eine Vergangenheit, die nur ihnen erreichbar ist. Ihnen die dafür unabdingbare Stille zu geben, das Bewußtsein wirklichen Friedens, das ist das Beste, was Menschen ihnen geben können, das Einzige, was Katzen von uns brauchen. Etwas von dem Wenigen, wozu Menschen wirklich taugen. Sie hatte sich eingerichtet, mit anderen Katzen Vereinbarungen getroffen. Nichtangriffspakte. Notgemeinschaften. Katzen können das. Sie können in einer Atmosphäre gegenseitiger Duldung leben, wenn es nötig und möglich ist.
Sie teilen die Ängste unter sich auf. Und hassen und lieben sich nicht, sondern sind erhaben über aufgezwungene Unzulänglichkeiten. Verbergen in unvergleichlichem Stolz ihre brennenden Sehnsüchte. Sie müssen sich nicht schämen, im Müll zu vegetieren. Die Müllerzeuger müssen sich schämen über das ertrotzte Wohlbefinden von Katzen, sich fürchten, zur Rechenschaft gezogen zu werden am Ende aller Tage dafür, daß sie nicht verhindert haben, daß Katzen schmutzig wurden. Denn eine schmutzige Katze ist zerbrochen worden. Sie ist nicht mehr sie selbst. Der Katalog menschlicher Todsünden ist hoffnungslos veraltet.

Koschka war ganz und gar damit beschäftigt zu überleben.

V.

Es hatte damit begonnen, daß sie ihre erste Maus verfehlte. Zwei Tage später die zweite. Ihre nachlassenden Kräfte ließen sie immer wieder Augenblicke zu spät kommen, wenn die Mülltonnen Eßbares freigegeben hatten.

Sie war im achten Jahr, aber das wußte sie nicht. Hauskatzen leben lange, Müllkatzen nicht.
Natürlich wußte Koschka auch das nicht. Aber sie spürte den stetigen Verfall ihrer Kräfte.
Und die Schmerzwollust in ihr wurde immer stärker: Ein stechendes Ziehen in der Brust, begleitet von unbegreiflicher Wärme, dem anfangs nur vagen Wunsch nach Verlorenem. Vor langer Zeit – gar nicht so langer Zeit – Verlorenem.

Es war der Vollmond, der sie schließlich davontrieb. Sie schnürte vorwärts mit weit aufgerissenen Augen im Schatten der Dinge; über Felder und Brachland, schließlich auf Feldwegen und Landstraßen, Straßen und jetzt leblosen Stätten der täglichen Hektik. Die Nadel ihres Kompasses zitterte in ihrem mageren Körper und gab in jeder Sekunde Auskunft, unbestechlich, im Rhythmus ihres matten Herzens.

Die Kette der Häuserzeilen zerriß. Da waren wieder Hecken. Gute Gerüche, scheinbar für immer verloren, waren wieder da: Gesunde alte Bäume, lebende Gräser und Kräuter und Blüten, von Schmetterlingen sorgfältig bestäubt.

Koschka verharrte, die rechte Pfote halb erhoben. Vor ihr das Haus, riesig und abweisend. Wieder das Ziehen in der Brust. Sie glitt durch den Zaun, versuchte mit schlagenden Flanken Kraft zu schöpfen. Dann schoß sie am Efeu empor, saß auf der Dachbalustrade, neben den vier Windzügen mit ihren seltsamen Stürzen – wie Ritterhelme.

Sie saß, wo sie oft die kleiner gewordene Welt unter sich beobachtet, oft die abstrahlende Mittagshitze der Mauersteine genußvoll aufgesogen hatte. Sie folgte dem Weg, nur ihr erkennbar, nur für Katzen begehbar, der auf die offene Terrasse führte. Blieb stehen, den Vorderkörper sprungbereit, die Hinterhand mit steil aufwärts gerichtetem Schwanz auf gestreckten Beinen. Blickte seitwärts um eine schmale Säule in eine ganz bestimmte Ecke der Terrasse, die im scharfen Schlagschatten des kalten Mondlichtes lag. Es war ein Platz, der bei jeder Witterung windgeschützt war. Dort hatte immer ein Kissen gelegen, weich und doch fest. Dort hatte sie ihren letzten Tiefschlaf gehabt, ihren letzten Träumen erlaubt, sie ganz und gar zu vereinnahmen.

Pfote vor Pfote setzend stand sie dann vor dem Wunder. Ihre Lefzen öffneten sich, sie war nicht Herr geworden über einen kleinen armseligen Schrei: Das Kissen lag dort. Duftend, von niemandem berührt als von der Hand der Frau, die einmal zu ihrem Leben gehört hatte. Koschka bestieg das Kissen, drehte sich unendlich vorsichtig und graziös, wie die Tänzerin auf einer alten Spieluhr, und begann langsam, dann immer energischer, sich zu putzen.
Sie entfernte mit rauher Zunge die vergangene Zeit aus ihrem Haarkleid, wusch sich ohne Pause, zuletzt leise hechelnd. Sank auf dem Kissen zusammen, rollte sich ein, schloß die Augen und gewährte sich nur den Schlaf, der ihr in der hinter ihr liegenden Zeit ausschließlich erlaubt gewesen war:
Schlaf, der sie befähigte, so schnell zu reagieren, wie im hellwachen Zustand. Wachschlaf, Halbschlaf.

Ihr Körper verriet sie: Unmerklich war sie in Schlaf geglitten, der deutliche Reize notwendig machte, um erwachen zu können. Es war noch nicht der dunkle Brunnen voller Geheimnisse und Träume, in den sie sich sinken lassen konnte, wenn sie Sicherheit um sich fühlte, wie eine unverrückbare Mauer. Aber es war schon Schlaf, was sie übermannt hatte. Schlaf, den sie sich nicht gewählt, sich nicht gestattet hatte. Noch nicht.

VI.

Eine Art Donner war es, was sie aus diesem unerwünschten Schlaf riß. Sie riß die Augen auf, alle gespannten Muskeln drückten ihren Körper flach auf den Boden, der Schwanz peitschte zitternd den Boden: Sie war bereit. Dann dieser Duft nach so lange Entbehrtem. Nach frischem Fleisch. Vor sie war ein riesiger blutiger Knochen gefallen. An den Enden des Knochens die Mischung aus Muskelfleisch, Sehnen und Knorpeln, die tiefstes, sinnliches Vergnügen verspricht. Für jeden Raubjäger jedenfalls. Und darüber, dazwischen, ein Geruch, der Gefahr bedeutete. Langsam blickte sie schlitzäugig nach oben.

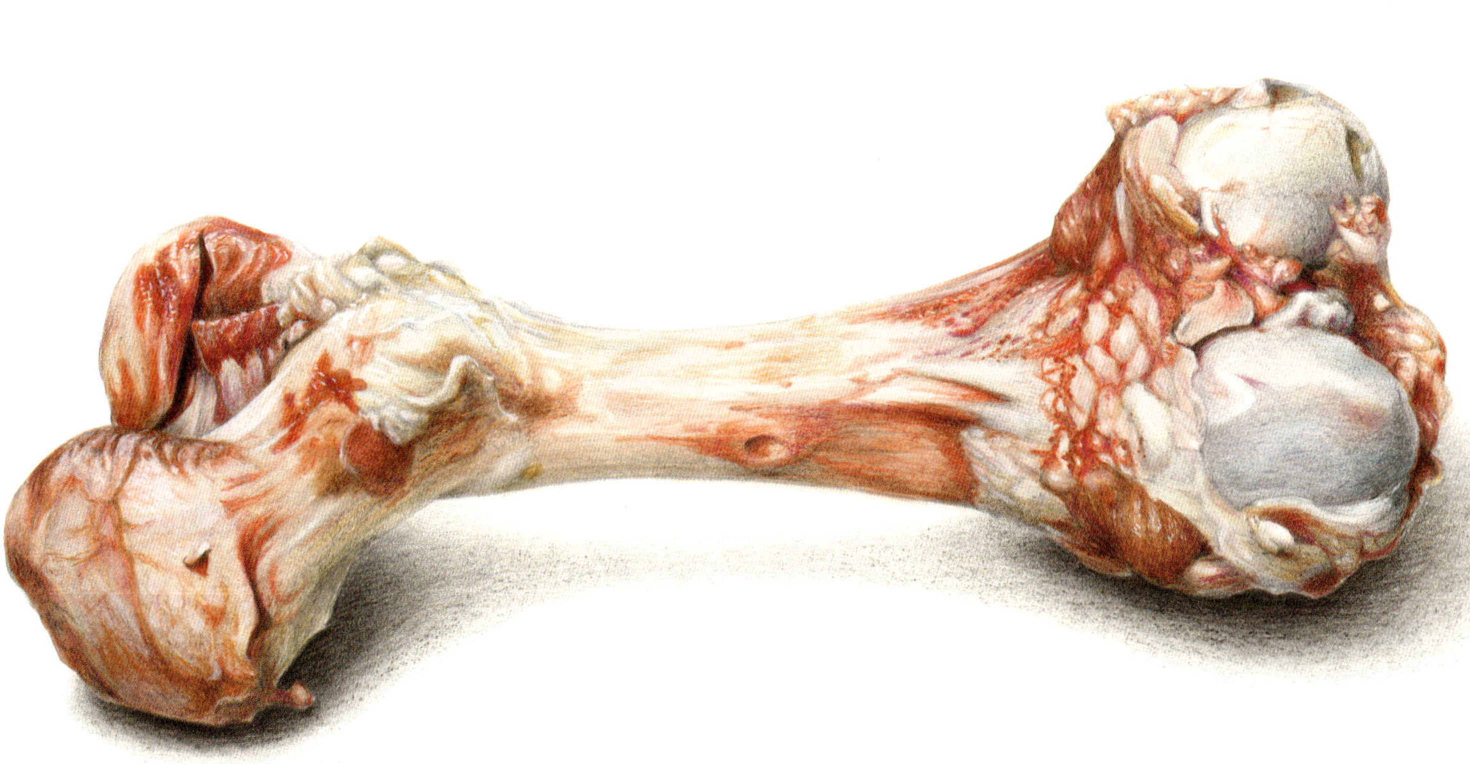

Eine knappe Körperlänge entfernt schräg über ihr stand der monströseste Hund, der ihr jemals Schrecken eingejagt hatte. Wäre dieser unverwechselbare Geruch nicht gewesen, sie hätte geglaubt, einer Schreckgestalt aus ihren bösesten Träumen zu begegnen:
Ein kürbisgroßer Kopf, ganz weiß, ohne Nasenrücken. Winzige Ohren. Falten überall da, wo sonst Gesicht ist. Ein riesiges Maul, aus dem eine breite rote Zunge halb heraushing. Und dieses furchtbare röchelnde Dröhnen.

Aus Koschka kam jetzt ein tiefer, böser, orgelnder Ton, der ihren schmalen Körper zu sprengen schien und den sie nicht selbst ausstieß. Die äußerste Bedrohung ihres Lebens sprach diesen Ton.

Der Hund lag plötzlich weiter von ihr entfernt, den Kopf ganz ruhig zwischen seinen breiten Pfoten, inmitten der muskelbepackten Schultern.
Koschka sah jetzt die Augen: Sie hatten die Form des halben Mondes, waren ganz dunkel, von kurzen, dichten, weißen Wimpern umrandet. Sie schauten die Katze ruhig und ohne jeden Lidschlag an.

Sie war von sanften Händen hochgehoben worden, mit dieser behutsamen Bewegung, die sie früher mehrmals täglich genossen hatte, hörte die sanfte Stimme der Menschenfrau raunend direkt neben ihrem Ohr. Dann wurde sie behutsam auf dem Schoß der Frau niedergelassen. Beide Hände umschlossen ihre Brust. Mit jener seltsamen Leichtigkeit hatte das weiße Tier sich erhoben und legte mit einem ganz leisen Brummen den gewaltigen Kopf auf die Knie der Frau. Sein Atem wehte sie ruhig und gleichmäßig an, und seine nachtglänzenden Augen blieben, jetzt aus nächster Nähe, tief in die gelben Lichter der Katze getaucht.

Die Stimme über ihr war jetzt etwas lauter, klang beschwörend und eindringlich.
Koschkas Körper entspannte sich zaghaft. Sie wurde zu ihrem Kissen getragen, niedergesetzt, der Weiße folgte, beförderte den schweren Körper mit rätselhafter Beschwingtheit auf einen gegenüberliegenden Gartensessel. Der Blick verharrte in ihrem.
Die Frau sagte noch einen Satz und verließ die Terrasse. Natürlich verstand die Katze ihn nicht. Aber sie nahm auf, was er bedeutete und rollte sich zum ersten Mal wieder in die Stellung, die nur Katzen auch dann noch einnehmen können, wenn sie den Mutterleib verlassen haben.
Diese – und nur diese – Körperhaltung bedeutet volles Vertrauen.
Sicherheit.
»Das ist Charly«, hatte die Frau gesagt, bevor sie Koschka und den Weißen verließ. »Er wird dafür sorgen, daß dir niemals mehr etwas zustößt.«

VII.

Um den Dreiecksmund zuckte so etwas wie ein Lächeln. Sie schlief den Schlaf, der sie zurückführte in die Anfänge. Den Beginn ihrer Art. In eine Vergangenheit, die glorreich begonnen hatte.

Sie war der Sonnengott RA, der Nacht für Nacht die Gestalt einer Katze annahm. Nacht für Nacht die Schlange der Finsternis besiegte, um das Aufgehen der heißen ägyptischen Sonne jeden Tag neu zu ermöglichen.
War eine von Tausenden, die im riesigen Bastet-Tempel der Stadt Bubastis verehrt, angebetet wurden. Blickte versonnen auf die wundervollen Figuren, in das Dach des Tempels eingelassen, das sich zwanzig Meter über ihrem schmalen Haupt zum Himmel wölbte. Hörte das Raunen und Flüstern der siebzigtausend Menschen, die einmal im Jahr zu dem Heiligtum pilgerten, um zu opfern und dann orgiastisch zu feiern.

Ihre Seele verließ diesen Teil ihrer Vergangenheit nicht, wechselte nicht in nachfolgende Jahrhunderte der Verfolgung und des Mordes.

Die Kräfte ihres allerersten Anfangs flossen in die Katze ein und erneuerten sie.

So wie es war, war es gut.

Originalausgabe des
Verlags an der ESTE, Buxtehude

Schrift: Janson
Gesamtherstellung: Grafiche AZ, Verona
Printed in Italy
ISBN 3-926616-59-8